C O N T E N T S

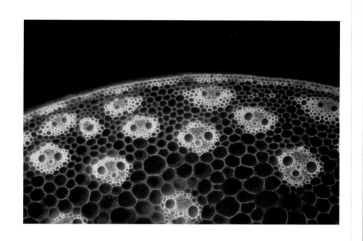

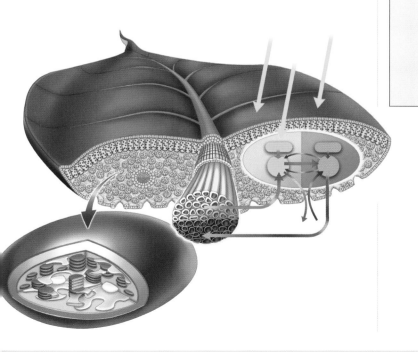

U0363855

揭开植物生活的奥秘

研究植物的学问大致可分为几部分：植物形态、植物分类、植物生态，以及研究植物器官（如根、茎、叶、花、果实、种子）的功能与运作方式的"植物生理学"。植物生理学与植物的生活关系密切，通过植物生理学的研究，人们甚至可以调控植物的生活方式。

植物生理机制的复杂程度不逊于动物，植物的研究是一门很大的学问。（图片提供/达志影像）

积沙成塔

大自然的奥秘，不会那么容易被人类掌握，而是经过科学家的锲而不舍，才一点一滴地被揭露出来。以光合作用研究为例，古人以为植物能够长高、长大，是因为从土壤里吸取养分；直到17世纪中，比利时科学家范·海尔蒙特做了一个简单的柳树实验，才知道土壤的说法不正确。他推断植物增加的重量主要来自于水。1727年，英国植物学家黑尔斯又提出质疑，他认为植物所增加的重量，可能来自空气。经过反复辨证，一直到1804年，瑞士科学家德·索苏尔才证实水和空气中的二氧化碳，都是使植物增加重量

范·海尔蒙特把1棵2.5千克重的柳树苗种到木桶里，木桶里盛有事先称过重量的土壤；种好后，他只用水浇灌柳树。5年后，他发现柳树增加了74.5千克，桶中的土壤却只减少了56.7克，因此他推论植物生长所需要的养分完全来自于水。（插画/陈和凯）

植物的生活

撰文/宋馥华   审订/郑武灿

中国盲文出版社

怎样使用《新视野学习百科》?

请带着好奇、快乐的心情，
展开一趟丰富、有趣的学习旅程！

1 开始正式进入本书之前，请先戴上神奇的思考帽，从书名想一想，这本书可能会说些什么呢?

2 神奇的思考帽一共有6顶，每次戴上一顶，并根据帽子下的指示来动动脑。

3 接下来，进入目录，浏览一下，看看这本书的结构是什么，可以帮助你建立整体的概念。

4 现在，开始正式进行这本书的探索啰！本书共14个单元，循序渐进，系统地说明本书主要知识。

5 英语关键词：选取在日常生活中实用的相关英语单词，让你随时可以秀一下，也可以帮助上网找资料。

6 新视野学习单：各式各样的题目设计，帮助加深学习效果。

7 我想知道……：这本书也可以倒过来读呢！你可以从最后这个单元的各种问题，来学习本书的各种知识，让阅读和学习更有变化！

神奇的思考帽

客观地想一想

用直觉想一想

想一想优点

想一想缺点

想得越有创意越好

综合起来想一想

? 植物有哪些生存的方法？

? 你觉得植物的哪种作用最神奇？

? 如果没有植物，地球会变成怎样呢？

? 哪些事物会破坏植物的生长？

? 如果光合作用是个生产工厂，你会替工厂起什么名字？

? 怎样才能帮助身边的植物生长得更好？

目录

科学家正在测量二氧化碳浓度升高对农田生态产生的影响，研究成果有助于了解大气层和温度的变化，对未来地球生态环境可能造成的影响。（图片提供/达志影像）

的因素。之后，再结合其他的光合作用研究结果，19世纪末，光合作用才开始出现在教科书上。然而人们明白光合作用的详细过程，已是20世纪中叶的事了；1961年，美国科学家卡尔文，因为揭开光合作用的过程，荣获诺贝尔奖。

植物生理学的研究方向

　　植物和动物比起来，最大的差异就是植物能够自己制造养分，所以光合作用的研究，是植物生理学的重点之一。然而其他方面也很重要，如植物如何吸收土壤里的养分与水分，如何进行呼吸作用、合成需要的物质，如何改变内部的成分或形态来抵抗恶劣环境及防御其他生

1772年，英国科学家普利斯特发现在密闭容器中，蜡烛很快熄灭、老鼠也无法存活。但若加放植物，蜡烛和老鼠都能安然无恙，他因而推论植物可以净化空气。（插画/陈和凯）

老祖先的智慧

　　中国的农业发展拥有很久的历史，古代的中国人已经懂得很多栽培作物的方法，他们虽然不懂其中的道理，但已观察到植物生理的各种现象。例如，北魏（6世纪）的重要农书《齐民要术》，提到种枣树要在一月初一日出时，用斧头敲打树干，使树皮轻微受伤，其实这就是要打破枣树的休眠，让养分减少往下输送，而集中来开花结果。

卡尔文博士与他的同事，历时9年左右的研究，确认了光合作用的化学过程，并因此获得1961年诺贝尔化学奖的殊荣。（图片提供/达志影像）

物的侵袭，而将这些基础知识运用在栽培植物上，就是农业上的课题了。

环境对植物的影响

(紫花霍香蓟，图片提供/GFDL，摄影/Kurt Stueber)

植物无法移动，所以外在环境的变化对植物的影响远比对动物来得深远。影响植物生活的环境因素主要有5项：阳光、空气、水分、土壤和其他生物。

过度的曝晒会使凤梨下方的梗枯萎，影响凤梨的甜度和外形，所以农民会利用稻草、报纸或叶片替凤梨遮阳。图中的遮阳帽是近年研发出来的新方式。（摄影/贺瑞麟）

阳光与空气

由于光合作用的需要，一般植物在光照充足的环境下生长良好，光照不足时就长得瘦弱；但光照过强，又会使叶片枯槁，反而阻碍光合作用的进行。因此，每种植物都有适合生长的光照，太强或太弱都会影响植物的生长。

植物需要空气中的二氧化碳和氧气，以分别进行光合作用与呼吸作用；不过氧是活泼的气体，浓度太高会在植物体内产生有害的化合物，造成伤害。另外，空气流动会产生风，微风可以帮助植物蒸发水分，带动养分的循环，但过强的风却会摧枝折叶。

水分、土壤与其他生物

植物所需的水分，主要取决于空气的湿度和土壤的水分含量。湿度太低，叶片容易干枯；但湿度太高，蒸发作用无法进行，也无法散热。土壤的保水力与养分多寡，和土壤的质地及有机物含量息息相关。颗粒较细的黏土，保

用塑料薄膜覆盖土壤，可以保持土壤的水分和温度，还可以防除杂草，提供作物更好的生存环境。（摄影/李宪章）

空气是影响植物生长的重要因素，工厂排放的有毒气体使植物叶片枯萎卷缩，甚至可能造成植物的死亡。（图片提供/达志影像）

水力较强，但容易积水而造成根部缺氧；颗粒较粗的沙土，保水力较弱，会让根部吸不到水。因此富含有机质的沙质土壤，保水力中等又富含养分，最适合栽培植物。其他生物也会影响植物的生长，例如草食动物、以植物为宿主的真菌和细菌，以及土壤中的微生物等，轻者让植物枝叶受伤，严重的会造成死亡。

蜗牛喜食植物的幼芽和嫩叶，爬行时还会在叶片留下黏液，阻碍叶片进行光合作用，是对植物有害的生物。（图片提供/GFDL，摄影/Stako）

雨水是土壤里水分的主要来源，适量的水分可以让植物生长良好，过多的水分却可能让根部无法呼吸，甚至腐烂。（图片提供/达志影像）

指示植物

许多植物在自然的状况下会生长在特定的环境，因此可用来作为某种环境的指示，称为"指示植物"。例如蕨类大都生长于潮湿环境，所以常作为潮湿环境的指示；芒萁常被作为酸性土壤的指示植物，而顶芽狗脊蕨则为碱性土壤的指示。常见的野草——白花霍香蓟与紫花霍香蓟更是有趣，紫花霍香蓟只生长在肥沃的土地，而贫瘠的土地只有白花霍香蓟会出现，因此可作为土壤肥沃程度的指示。

利用这些特性，科学家找出许多可以指示我们日常环境状况的指示植物，如唐菖蒲（剑兰）对氟化物、二氧化硫及氯气相当敏感，很快就会在叶片上形成黑褐色斑点或叶尖焦枯，因此栽培唐菖蒲既能美化环境，又可以随时知道生活环境的空气品质。

唐菖蒲是常见的花材，对二氧化硫及氯气等有害气体非常敏感。（摄影/钟惠萍）

单元3

植物的主要成分

（芋头含有草酸碱，图片提供/GFDL，摄影/David Monniaux）

植物的形态虽然千变万化，但主要成分都一样，这些成分组成了植物的身体，并提供植物生命各种活动的能源。另外，植物还拥有许多不同的物质，因而展现出各自的生存方式。

三大主要成分

糖类、蛋白质、脂质是组成植物体的三大成分。糖类是由碳、氢、氧3种元素组成的有机化合物，其中氢原子和氧原子的比例是 2:1，与水相同，因此又称碳水化合物。糖类依分子构造，可分为单糖（如葡萄糖、果糖）、双糖（如蔗糖、麦芽糖）、低聚糖（如木糖、果糖）和多糖（如淀粉、纤维素、果胶）；其中纤维素约占植物体的1/3，是组成

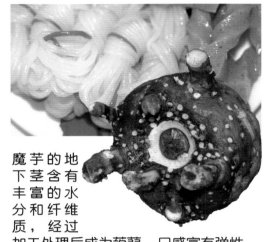

魔芋的地下茎含有丰富的水分和纤维质，经过加工处理后成为蒟蒻，口感富有弹性。（图片提供/GFDL，摄影/Sebastian Stabinger）

细胞壁的基本成分。

植物体内的蛋白质由20种氨基酸组合而成，依功能可分：贮存性蛋白质（提供能量）、核蛋白（组成染色体）和酶。

脂质含量依植物种类而有很大的差异，依功能可分3大类：真脂（提供能量

苹果的表皮有一层薄薄的天然蜡质，可防止水分蒸发及菌类在其表面生长。

不同品种的小麦，蛋白质的含量也有差异，因而使制成的面粉有高筋、中筋、低筋的差别。（图片提供/维基百科，摄影/大图：Bluemoose、小图：Peggy Greb）

的贮存性脂质）、磷脂（细胞膜的主要结构）、蜡（构成叶片角质层及果皮上的蜡）。

香气来源和防御利器

植物的香气主要来自有机酸（如苹果酸、柠檬酸）、酯类（如香蕉油、除虫菊酯）、挥发性的芳香族化合物等，通常香气不是只由一种物质而来，而是由数种物质依不同比例混合，因而能吸引各有所好的昆虫。这些提供香气的混合物质一般称为精油（如檀香脑、薄荷油），萃取后可以供人类制造各种调味料、香水等产品。

除了吸引动物青睐，植物也要防御不受欢迎的访客。木质素会使植物纤维变硬，防止微生物分解，是组成木材的重要成分；单宁的味道苦涩，让动物敬而远之，茶叶中就含有这种成分；橡胶是树干的乳汁，遇到氧气便会凝固，可防御病菌侵袭。

桧木里的桧木醇不仅可以除臭，还有杀菌效果。（摄影/张君豪）

除虫菊的花、茎和叶含有除虫菊酯，经常被用来作为蚊香和杀虫剂的主要原料。（图片提供/达志影像）

植物碱：医药的明日之星

植物体内含有一些有机碱性物质，通称植物碱。最为人熟悉的，就是咖啡和茶里的咖啡因、可可里的可可碱了。大多数的植物碱在植物体内的功能不详，但某些植物碱抽取出来后可以制药，常见的如作为提神药的咖啡因、当作强效止痛药的吗啡、治疗症疾的奎宁、医治高血压的蛇根碱、预防晕车和呕吐的莨碱等。

近来更发现多种植物碱可以治疗癌症。例如治疗多种癌症的长春花碱、可治疗卵巢癌和乳癌的红豆杉醇（又名紫杉醇）等，都是医药的明日之星。由于很多医疗用的植物碱产自热带雨林，科学家担心如果继续大规模砍伐雨林，很多珍贵的医药资源根本来不及发现和研究，就永远消失了。

路边常见的日日春，就是长春花，可用来提炼长春花碱，治疗多种癌症。（摄影/钟惠萍）

水分和矿物质的利用

（桉树有强力吸水机之称，图片提供/GFDL，摄影/Fir0002）

植物可以自行制造养分，所以不必像动物那样向外寻找食物来源，但植物的生长仍需要水与矿物质才能完成。

镁是合成叶绿素的主要元素，在蔬菜加热过程中，叶绿素中的镁离子会逐渐被氢离子取代，形成黄褐色的脱镁叶绿素，这种"脱镁反应"是蔬菜烹煮后变黄的原因。（摄影/张君豪）

水分的吸收与功用

多数植物体内，水分占70%以上。水的一些特性，能让植物进行各种作用。

1.水的液态：水是许多化学反应进行的地方，因为反应的物质可以在水中自由移动与扩散。

2.水的温度变化慢：可使植物保持一定的温度范围，维持各种作用的稳定。

3.水分蒸发过程必须带走蒸发潜热，可以调节植物的温度，不致因温度过高而死亡。

4.水的表面张力：植物以根吸收水分，水分吸

足会产生"根压"，将水分往上挤，加上毛细现象使水分在维管束的细管中往上升；此外，水的表面张力让水分从气孔蒸发后，又将水分往上拉，植物体内的水分因而可源源不绝地流动。

植物平时借由蒸发作用将水分排出体外，当空气中的湿度过高、蒸发作用无法发挥时，有些植物会改用主动运输的方式，将体内的水分经由叶脉，送到叶尖或叶缘泌出，称为吐水现象。（图片提供/达志影像）

水分子与水分子之间有一种相互的吸引力，会让水分凝聚在一起，这种力量叫作内聚力。这种特性使植物体内的水分，在根、茎和叶的导管中形成连续的水柱，可以从根部一路上升到树梢。（插画/穆雅卿）

矿物质的吸收与功用

　　矿物质是植物体内许多物质的组成元素。植物需要的元素目前已知有16种，依需要量可分"宏量元素"与"微量元素"。宏量元素有碳、氢、氧、氮、磷、钾、钙、镁、硫9种，微量元素有铁、硼、锌、锰、钼、铜、氯7种。除了碳、氢和氧可从空气和水中取得外，

元素	功　　能
氮	合成氨基酸、蛋白质、染色体之核糖核酸（RNA）、脱氧核糖核酸（DNA）、能量载体（ATP、ADP）、叶绿素、植物碱及部分激素的原料；促进叶片生长。
磷	合成DNA、RNA、ATP、ADP和细胞膜磷脂的原料；促进花、果生长。
钾	促进光合作用、呼吸作用，以及碳水化合物的合成、运送和贮藏；促进根、茎及果实生长。
钙	维持组织强度、影响细胞生长、活化酶原。
镁	合成叶绿素的原料、酶原活化剂。
硫	合成氨基酸、辅酶、维生素B_1的原料。
铁	合成叶绿素的原料、化学反应媒介。
硼	促进细胞分裂、花粉发芽和花粉管伸长。
锌	酶原活化剂。
锰	促进酶原活性。
钼	合成与氮的代谢有关的酶原料。
铜	氧化还原酶的原料。
氯	参与光合作用、释放氧气。

硫是形成大蒜特殊气味的来源。

动手做变色花

　　准备材料：白色花朵（花瓣薄、吸水性强的花，如太阳花）、食用色素、玻璃杯、剪刀、一盆水

1. 将花放在水中斜剪（以防止空气进入导管），截取适当长度。
2. 将花插进置有食用色素的玻璃水杯中，观察花的变色情况。

3. 静待一段时间，验收成果。

（制作/钟惠萍，摄影/张君豪）

其他元素都来自土壤。这些元素要能被植物吸收，必须形成可溶于水的离子（即带电的原子）；根部吸收水分时，也同时将这些离子吸收进来，再随水分扩散或运输到体内各处。

光合作用

（图片提供/维基百科，摄影/Nick Fraser）

植物吸收太阳能，将光能转化成化学能，这个过程称为光合作用。光合作用可分为2个反应阶段：光反应与碳反应。

光反应

植物的绿色组织内（主要是叶子）含有叶绿体，叶绿体内有叶绿素和胡萝卜素、叶黄素，可以吸收太阳光中的光能；但只有叶绿素可以经过一连串的反应，最后产生ATP及NADPH两种含有高能量的化合物，将光能转变成化学能而储存下来。因为这个阶段一定要有光照才能进行，所以称为光反应。在光反应中，为了

光照会影响叶绿素的形成，所以本该是绿油油的韭菜，经过人工隔绝阳光的方式培育后，就会长成黄黄白白的韭黄。（摄影/张君豪）

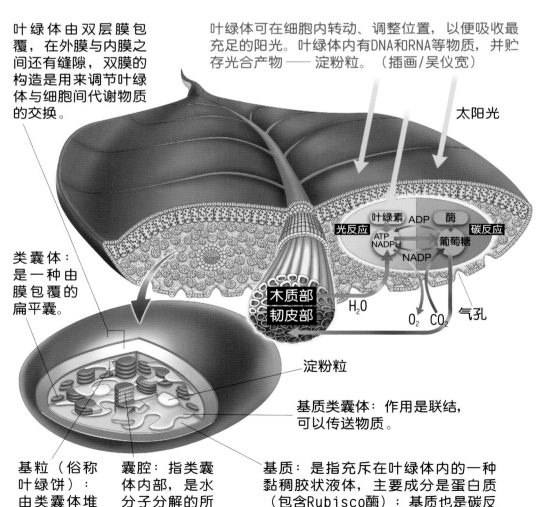

叶绿体由双层膜包覆，在外膜与内膜之间还有缝隙，双膜的构造是用来调节叶绿体与细胞间代谢物质的交换。

叶绿体可在细胞内转动、调整位置，以便吸收最充足的阳光。叶绿体内有DNA和RNA等物质，并贮存光合产物——淀粉粒。（插画/吴仪宽）

太阳光

叶绿素　ADP　酶
光反应　　　　　碳反应
ATP
NADPH　葡萄糖
NADP

木质部
韧皮部　　H_2O　　O_2　CO_2　气孔

类囊体：是一种由膜包覆的扁平囊。

淀粉粒

基质类囊体：作用是联结，可以传送物质。

基粒（俗称叶绿饼）：由类囊体堆叠而成。

囊腔：指类囊体内部，是水分子分解的所在。

基质：是指充斥在叶绿体内的一种黏稠胶状液体，主要成分是蛋白质（包含Rubisco酶）；基质也是碳反应的发生地。

提供反应所需的氢离子，水被分解而产生氧气。

碳反应

空气中的二氧化碳在碳反应阶段才参与作用。这个阶段是利用 ATP 与 NADPH 中 的 化 学 能，将二氧化碳分子合成 3 个碳

芒果的黄色是由胡萝卜素形成，和植物其他色素：叶绿素、叶黄素一样，可以吸收太阳的光能，但只有叶绿素能进行光合作用。（图片提供/维基百科，摄影/Fruggo）

原子的"磷酸甘油醛"，因此又称 C3 植物。磷酸甘油醛可以运送至细胞质内合成蔗糖，或直接在叶绿体内合成淀粉储存。从前认为碳反应不需光线也可进行，所以又称为"暗反应"；但近年来的研究发现，这个阶段有几种关键性的酶，必须有光才会活化，所以称为暗反应似乎并不恰当。

水生植物叶片上的气泡，正是进行光合作用之后所释放出来的氧气。（图片提供/达志影像）

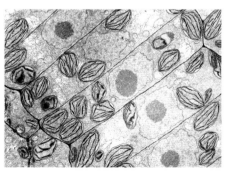

叶绿体是植物行光合作用的主要场所，图为紫萍叶状体切片，有明显的细胞壁、细胞核和为数众多的叶绿体。（图片提供/达志影像）

阳光捕手

植物利用光合作用将太阳能固定储存在植物体内的有机物里，据估计地球上的植物每年约可形成2,000亿吨的有机物，若换算成能量，每年达3×10^{21}焦耳，大约是人类每年消耗量的10倍。这些有机物成为植物本身生长所需的物质和能量来源，同时直接或间接供给动物使用。当植物死后，它们的遗体除了分解成为其他生物的养分外，也可能以石油、煤、天然气等能源形式保留下来。

植物除了为整个地球的生命捕捉阳光的能量，同时还为大气层加入氧气。原始地球的大气中有很高浓度的二氧化碳，并没有氧气，直到行光合作用的植物出现，氧气才逐渐在大气层中累积。

燃烧煤炭所得的热量，大多是远古时代蕨类植物行光合作用后储存的能量。图片上的煤炭留有蕨类植物的化石。（图片提供/维基百科）

光合作用与二氧化碳

（石莲是C4植物，图片提供/GFDL，摄影/Kurt Stueber）

二氧化碳是光合作用的重要原料，但是空气中二氧化碳的含量很低，氧气占21%，二氧化碳和其他微量气体一共只占1%；再加上穿过叶子表面、叶肉细胞表面和叶绿体外膜

植物为了吸收阳光，发展出与阳光垂直的叶片，并且交错生长，避免相互遮蔽，形成"叶镶嵌"现象。（摄影/钟惠萍）

光呼吸

当二氧化碳浓度太低或温度升高的时候，光合作用碳反应阶段中的关键酶（Rubisco）会催化光合作用反应基质与氧气结合，产生二氧化碳。由于只在有光的情形下进行，而且消耗氧气及产生二氧化碳，与呼吸作用类似，因此称为"光呼吸"。因部分反应基质移去进行光呼吸，使光合作用的效率降低不

时，又有一些二氧化碳被截留下来，所以二氧化碳的供应是光合作用的一大问题。

少，但能产生二氧化碳，而解决原先浓度不足的问题，使光合作用可持续进行而保护光合作用系统不受高能量损害。

沙漠中的仙人掌会在夜晚吸收二氧化碳，直到白天才完成光合作用，这种方式可以有效减少水分的散失。（图片提供/达志影像）

高粱叶片中央有一道明显突起的叶脉，由多层厚壁纤维组成，这些包围在维管束外的纤维层合称为维管束鞘。（图片提供/维基百科，摄影/Marco Schmidt）

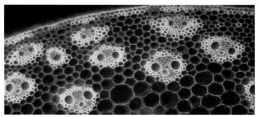

C4植物的维管束鞘（黄色部分）像花环一样，围绕在维管束外。在进行光合作用时，C4植物会将4碳化合物从叶肉细胞移到维管束鞘细胞，完成剩下的碳反应。图为玉米茎的切面。（图片提供/达志影像）

获得二氧化碳的其他方式

光呼吸虽然产生二氧化碳，但因会消耗能量，反而降低光合作用的效率。有些植物如玉米、甘蔗和高粱，就发展出另一种方式，以解决二氧化碳供应的问题。它们在光合作用的碳反应阶段，形成的第一个产物是4个碳原子的有机酸（因此称C4植物），它们被送进特化的维管束鞘里，再分解释放二氧化碳来进行碳反应。如此一来，维管束鞘内的二氧化碳浓度充足，便降低光呼吸发生的机会。

沙漠植物则采用另一种方式。它们为了减少水分蒸发，白天气孔关闭，因此也把二氧化碳阻挡在外，无法吸收二氧化碳行光合作用。因此在晚上气孔打开后，先把空气中的二氧化碳固定下来，合成景天酸（这类植物称为CAM植物）；白天再分解景天酸，释放二氧化碳，进行光合作用的碳反应。

光合细菌

除了植物，有一群细菌也可以进行光合作用，这群细菌就称为光合细菌。光合细菌是一群很古老的细菌，早在20亿年前，就已出现在地球上。光合细菌的菌体内，含有类似叶绿素的细菌叶绿素及胡萝卜素，能吸收太阳光能以制造养分。在19世纪后期，德国生物学家恩格尔曼及俄国微生物学家维诺格拉斯基发现了光合细菌，之后经过多方面不断的研究发展，如今光合细菌已应用在动物饲料、肥料、医药、化妆品、有机废水处理等方面。

蓝绿藻（又名蓝绿细菌）对地球从无氧变为有氧的大气环境起过巨大作用，分布广泛，连温泉里都有踪迹。图片所示是蓝绿藻中的颤藻。（图片提供/达志影像）

光合产物的运输和分配

光合作用的产物除了一小部分留在叶片外，其余的光合产物都输往植物体各处利用或贮存。

运输管道：韧皮部

光合作用的产物大都以蔗糖的形式，由叶片输往植物体各部。以蔗糖形式运输，可能是因为蔗糖的分子小、流动性高且较为稳定。叶片中的蔗糖以扩散方式进入植物体内的输导组织——韧皮部，运送到目的地组织后，经由韧皮部的筛管与细胞间的原生质丝送进细胞，或是先扩散进入细胞间隙，之后再进入细胞。

韧皮部负责运输光合产物到其他需要能量的部位。图为高倍显微镜下向日葵茎部切片，小且密集的红圈圈所在就是韧皮部。（图片提供/达志影像）

马铃薯将光合产物以淀粉的形式贮藏在地下块茎中，我们吃的就是这些被储存起来的有机物。（图片提供/维基百科，摄影/Scott Bauer）

要输往何处？

植物如何决定光合产物究竟要运到哪个部位？这一直是科学家努力想了解的问题，因为如果能操纵植物光合产物的运输方向，便可让农作物集中生长可利用的部位，不过这个理想目前尚未实现。

植物组织的重量与该组织汲取光合产物的速率，是决定光合产物移

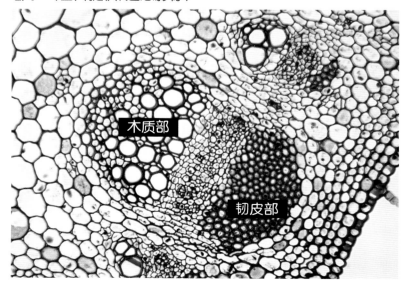

木质部

韧皮部

葡萄糖

蔗糖

制成的淀粉

贮存的淀粉

运输

转化

光合产物最初以葡萄糖的形式存在，再转化成蔗糖，运输到植物需要的各个器官，然后转化成淀粉储存下来，或者转化为原先的葡萄糖以提供器官能量。（插画／吴仪宽）

动方向的因素。为了方便评估运移方向，科学家将组织重量和汲取速率两者相乘，所得乘积便称为"积储强度"；积储强度

甘蔗将光合产物从茎往根部运输、储存，愈靠近地下根，蔗糖含量愈高，所以才有"倒吃甘蔗比较甜"之说。（图片提供／达志影像）

愈强的细胞，愈容易得到光合产物的供应。一般来说，幼叶、幼果和茎顶等生长中的组织细胞，因需光合产物补充消耗的能量，所以汲取光合产物的速度较快，因而有较强的积储强度；而储藏性的组织如甘薯的块根、马铃薯的块茎等，因组织较重，也有不小的积

在开花繁殖期，光合产物会全部往上输送，提供开花结果的能量。

储强度。随着植物的生长发育，组织的重要性排列次序会有所改变，而积储强度也会因而改变。

蚜虫的贡献

早期研究光合产物的运输常常遇到一个很难克服的问题。运输光合产物的韧皮部内有许多不直接参与运输的薄壁细胞夹杂在其中，所以抽取的分析液常常会被这些细胞的代谢物干扰。这个问题后来用蚜虫解决了！蚜虫是一种具有长管状口器的昆虫，摄食的方式是把长管状口器插入植物的韧皮部吸取汁液。因此科学家便让蚜虫去吸食要研究的植物的汁液，再趁它吸食时将身体切下，只留口器在植物上，韧皮部的渗出液便会经由口器慢慢流出来。

蚜虫的长管状口器，替科学家解决了抽取分析液的难题。

植物的呼吸作用

植物经由光合作用生产养分，而呼吸作用则用来将养分分解，释放出能量，以供给植物生长和维持生命。

蔬果摘采后，仍持续进行呼吸代谢，用保鲜膜阻隔空气，或放在冰箱低温冷藏，可有效降低呼吸速率，延长蔬果的保存期限。（摄影/张君豪）

呼吸作用3部曲

植物的呼吸作用在细胞内的线粒体进行，线粒体就像个小小的能源工厂，经由50个以上的独立小反应，最后产生能量、二氧化碳和水。整个过程大致可分为3个阶段，只有第三阶段才需要消耗氧气。

由于呼吸作用是直接分解六碳糖（葡萄糖及果糖），因此植物体内储存的蔗糖、淀粉和脂质、蛋白质，都要先经由酶作用分解为六碳糖，然后才开始进行呼吸作用的3个阶段。

1.糖解作用：六碳糖被氧化分解为

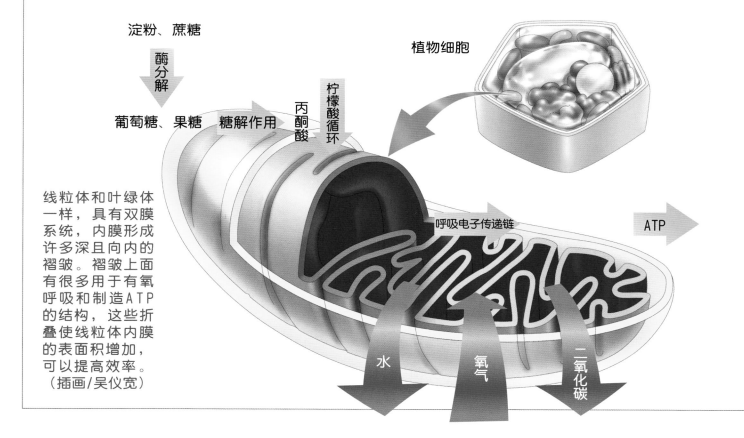

线粒体和叶绿体一样，具有双膜系统，内膜形成许多深且向内的褶皱。褶皱上面有很多用于有氧呼吸和制造ATP的结构，这些折叠使线粒体内膜的表面积增加，可以提高效率。（插画/吴仪宽）

淀粉、蔗糖 → 酶分解 → 葡萄糖、果糖 → 糖解作用 → 丙酮酸 → 柠檬酸循环 → 呼吸电子传递链 → ATP

植物细胞

水　氧气　二氧化碳

丙酮酸，并产生ATP。

2.柠檬酸循环：当氧气充足时，丙酮酸进入柠檬酸循环，被氧化成二氧化碳和水，并产生ATP。（当氧气不足时，丙酮酸就会进入类似发酵作用的无氧呼吸途径，产生酒精或乳酸。）

3.呼吸电子传递链：柠檬酸循环产生的另一种高能化合物，将电子传给氧分子，带电的氧分子再与氢离子结合产生水，而在电子传递的过程中，也会产生ATP。

这3个阶段所产生的高能化合物——ATP，将会运出线粒体，甚至运出细胞，提供其他组织化学反应所需的能量。

左图：种子萌芽和幼苗生长的阶段是植物呼吸作用最强的时期。

右图：松土能让植物的根部维持良好的呼吸，有利根系的生长。（图片提供/达志影像）

合成其他物质

呼吸作用除了提供能量外，在淀粉分解为六碳糖、糖解作用与柠檬酸循环的过程中，一些中间产物还可以合成其他化合物，例如氨基酸、蛋白质、脂质、核酸、纤维素、生物碱、叶绿素、生长素等物质。整体来说，呼吸作用既进行分解也进行合成，与植物的代谢作用关系密切。

厌氧菌

动物和植物都要行"有氧呼吸"，氧气是维持生命活动的基本要素；但对许多厌氧性生物而言，氧气不但多余，可能还会致命。厌氧性生物以细菌为主，厌氧菌存在含氧较低或缺氧的环境，在人体的牙龈和大肠内，厌氧菌和需氧菌正常的比例是1000：1。人类许多疾病是厌氧菌引起的，例如脓肿、食品中毒等；但是有些厌氧菌则对人体有益，例如乳酸菌能经过发酵作用产生乳酸，而抑制其他厌氧菌的生长。另外，近年来科学家培育出可以分解油污和污泥的厌氧菌，还能帮助人类清除环境污染。

痤疮杆菌是常见的厌氧菌，当皮脂腺阻塞，形成厌氧环境时，痤疮杆菌会快速滋生，引起发炎，形成恼人的粉刺或青春痘。（图片提供/达志影像）

植物的共生

（菟丝子，图片提供/GFDL，摄影/Michael Becker）

一般植物自己会制造养分，但有些植物需要和其他生物共同生活，以获得养分，称为共生。如果共生的双方都能得到好处，称为互利共生；如果只有一方有利，另一方无害也无利，则称为偏利共生；一方有利，但另一方却有害的，则称为寄生。

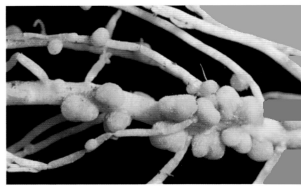

根瘤菌侵入豌豆的根毛形成根瘤，通过固氮作用，提供豌豆生长所需的氮元素，豌豆则回报有机化合物供根瘤菌生存。（图片提供/达志影像）

互利共生与偏利共生

植物与真菌经常在互相有利的条件下共同生活，最典型的例子是豆科植物与根瘤菌。根瘤菌侵入豆科植物的根吸收养分，并刺激根膨大成根瘤，再把空气里的氮固定下来，转成植物可以吸收的氮肥，双方互惠互利。

在非洲与南美洲地区，有一种蚂蚁会在刺槐的枝干上居住，并从嫩芽附近吸食树液；它们的回报就是消灭入侵刺槐的昆虫和微生物，与刺槐互利共生。

在茂密的雨林或山林中，有些植物为了争取更

牛角刺槐的茎刺里有许多小洞，供与它共生的蚂蚁居住，这种蚂蚁尾部有毒针，会攻击、驱赶对刺槐有害的生物。（图片提供/达志影像）

多的雨水和阳光而附生在高大乔木上，它们各自有吸收水分和养分的方法，不会危害所附着的植物，这种共存方式就叫偏利共生（又称附生）。偏利共生的植物主要有：凤梨科（如气生凤梨）、兰科（如蝴蝶兰）和蕨类（如鸟巢蕨）等3大类。

水晶兰生长在海拔1,000—3,000米左右的阴湿林地，不具叶绿素，无法进行光合作用，只能通过根部的寄生真菌吸收养分。（摄影/林禹任）

原生于热带雨林的附生植物——气生凤梨，不用浇水，叶片可以直接吸收空气中的水分，也不需要土壤，是近来很受欢迎的观赏植物。（摄影/张君豪）

寄生植物

寄生植物大多无法自己制造养分，只能对宿主植物下手，可说是植物界的"吸血鬼"。寄生植物主要有3种类型：第一类是藤蔓植物，会缠绕住宿主植物，利用茎上突起的吸器，深入宿主的输送管道吸取养分，如菟丝子和无根草。第二类是直接寄生在宿主植物的根部，乍看好像自己从土里长出来，但没有叶绿素，还是会暴露它的"身份"，如寄生在芒草或甘蔗根上的野菰。第三类植物具有绿色叶片，可以自己制造养分，但水分和矿物质仍从宿主植物身上吸取，如桑寄生。

腐生植物

动物界有专吃腐肉的动物（如兀鹰），植物界也有专门吸收腐烂植物养分的腐生植物。腐生植物也是寄生植物的一种类型，只是被寄生的不是活体。腐生植物没有叶绿素，无法进行光合作用，靠吸收真菌分解腐烂植物后的养分生存。以台湾的水晶兰为例，它不是真的兰花，全株半透明中透着粉红，没有半点叶绿素，必须靠菌类的菌丝为媒介，间接从腐烂的植物中吸收营养。

大王花是世界上最大的花，最大的纪录是直径长达126厘米，没有根、茎、叶和绿色光合组织，以菌丝般的构造寄生于一种葡萄科的藤类植物上。（图片提供/GFDL，摄影/Klaus Polak）

食虫植物

（叶柄上的白毛是北领地毛毡苔的特色，图片提供/GFDL，摄影/Noah Elhardt）

食虫植物大多生长在酸性池沼或湿地，这些地区的土壤经过长期淋洗，氮和盐类含量很低。植物为了补充这些营养物质，便发展出捕食小生物的构造。

食虫植物的特征

食虫植物又称"食肉植物"，具有以下3种特征：一是以气味、色彩、蜜腺等方式吸引昆虫等猎物；二是具备特化的捕虫器来困住猎物；三是分泌能分解蛋白质的酶，或利用体内共生的细菌、真菌来消化猎物，分解所得的养分再由植物吸收。食虫植物会进行光合

捕虫堇的叶片犹如捕蝇纸，布满厚厚的粘黏物。（图片提供/GFDL，摄影/Noah Elhardt）

作用，也会利用根来吸收土壤中的养分，因此短期之内没有捕食猎物也不会饿死。

五花八门的捕食方式

目前已知的食虫植物约有400种以上，捕虫方式五花八门。例如猪笼草会在捕虫囊（特化的叶子）的开口处分泌香甜的蜜汁，引诱昆虫掉进陷阱。捕蝇草的叶片像捕兽夹一样，当昆虫停在叶片上时，便马上合起来，把昆虫关进去。毛

贴地丛生的毛毡苔（大图）和长着明显茎部的茅膏菜（小图）同为"茅膏菜属"的食虫植物，都是借由叶片上的腺毛分泌蜜液来吸引昆虫，这些蜜液犹如露珠般晶莹剔透，因此英文名字叫作sundew（阳光露珠）。（小图提供/GFDL，摄影/Noah Elhardt）

毡苔则像黏蝇纸，让不小心停在上面的昆虫被黏液黏住而动弹不得。水中也有食虫植物，狸藻的叶片具有小型的捕虫囊，如果水中的小昆虫或浮游生物碰到捕虫囊的刺毛，捕虫囊就会快速打开，一股强劲的水流会将猎物冲入囊内。

大部分食虫植物以昆虫或节肢动物（如蜘蛛）为食，但加里曼丹岛有一种猪笼草，捕虫囊平均长达25厘米以上（最长122厘米），可以装3升的水，除了捕捉昆虫，还能捉青蛙、小鸟、小老鼠，甚至小猴子。

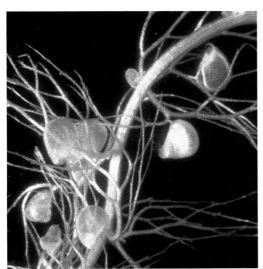

狸藻捕虫囊的排水机制，会让囊内形成负压，当水中微小生物触碰到囊外的刺毛时，捕虫囊的盖子会突然打开，将水及微小生物吸入。（图片提供/达志影像）

捕蝇草的叶片犹如长刺的蚌壳，只要昆虫轻触，就会迅速合拢，将昆虫关在其中，直到消化完毕再打开。（图片提供/GFDL，摄影/Noah Elhardt）

食虫植物怎么"吃"

食虫植物由于造型奇特，已成为花市的常客；许多人甚至想养食虫植物来吃蚊子、苍蝇、蚂蚁、蟑螂等，但效果可能很不理想。这是因为食虫植物虽然会吸引昆虫上门，但它只能靠分泌的消化酶慢慢地由昆虫柔软的部位开始分解，有些食虫植物甚至还需靠细菌先进行分解才能吸收，因此"消灭"昆虫的速度很慢，一般都长达好几天，而且只能分解昆虫体内的柔软组织，无法分解外壳。

猪笼草的盖子主要用来遮雨，避免雨水稀释消化液。（图片提供/维基百科）

休眠与抗逆境

（马齿苋，图片提供/GFDL，摄影/Eric Guinther）

植物的一生中，必定会遇到许多不适合生存的情况，而植物又无法移动，因此势必得用其他方法来克服。休眠是一种常用的方法，此外还有许多抗逆境的机制。

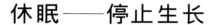

休眠——停止生长

"休眠"是指植物的种子、芽、茎顶的分生组织，停止生长发育的状态。植物休眠后，因为没有容易受损的新生幼嫩组织，比较能抵抗恶劣的环境。植物休眠的原因很多，主要是低温和较短的日照时数，种子也可能因缺乏足够的水分和氧气而休眠。

植物休眠时，通常会累积抑制生长的物质，要等这些物质被代谢掉或移除掉，才会结束休眠恢复生长。每种植物的移除

卷柏是一种矮小蕨类，枝叶和柏树相似，在缺水时，枝叶会卷曲进入休眠，直到重获水分才会复苏，有"九死还魂草"的称号。（图片提供/GFDL，提供者/Chris 73.）

方式不尽相同，有的是让植物处在一定时数的低温或暖温下，有的则是接受较长的日照时数；也有些种子（如绿豆），只要给予足够的水分让抑制物质随水流走，就可以发芽了。

抗逆境——危机处理

休眠通常是植物对抗周而复始的不利环境（如冬季）所演化出来的；但如果逆境突然出现，像突如其来的高温、低温、缺水等，休眠就缓不济急了，这

棉花种子的种皮非常紧密坚硬，外面还有蜡质和绒毛，因此播种前先用稀硫酸漂洗，去除外层绒毛，可增加透性，帮助棉籽发芽。（图片提供/维基百科，摄影/David Nance）

时必须临时采取"抗逆境"的方法。

　　一般而言，遇到缺水时，植物大都采用"渗透势调节法"，也就是在细胞内累积离子（特别是钾离子）、蔗糖和氨基酸，让细胞质变得浓稠，使水分不易渗透出去。另外，许多植物在一些逆境下（如高温），会产生大量特殊的蛋白质，这些蛋白质的实际功能目前尚不清楚。

逆境	影　　响	抗逆境方法
低温	1.寒冷：呼吸作用、光合作用和蛋白质的合成速率都会降低。 2.冰冻：细胞内的水分形成冰晶，体积膨大而撑破细胞。	生长中的植物无法抵抗。
高温	光合作用速率下降。	产生"热击蛋白"。
干旱	蛋白质（尤其是酶）因失水而变性。	1.靠渗透压调节（短期）。 2.落叶（长期）。
淹水	根部因缺氧而丧失功能，无法吸收水分与矿物质，植物会缺水、凋萎。	同干旱。
盐分过高	1.植物体内的钠离子与氯离子浓度过高时，会产生毒害。 2.土壤内盐分过高时，水分无法渗透进入根部，会造成植物缺水。	1.靠渗透压调节。 2.某些植物有盐腺，可排除盐分。
化学物质的毒害	1.重金属：如镉、铅和砷等。 2.农药。 3.空气污染物：如臭氧、氮氧化合物、二氧化硫等。	1.将有毒元素与植物"螯合素"结合而隔离。 2.用特殊酶分解。

莲雾的产期原是在高温多雨的夏季，但农民利用淹水、断根等技术调节产期，将产期改到冬季，所以冬季莲雾的生产可说是利用植物对抗逆境机制的最好实例。

马齿苋类的杂草有很强的耐旱性，即便将它的茎叶拔除、放在烈日下曝晒，只要遇到下雨，又会恢复生机。（图片提供／GFDL，摄影／Eric Guinther）

冰酒

　　带有类似蜂蜜的香甜气息，色泽上呈淡金黄色的冰酒，其实是利用葡萄抵抗寒冷逆境的原理做成的。这种酒在18世纪末发源于欧洲的德国北部、奥地利、德法交界的阿尔萨斯等寒冷的地方，目前加拿大与新西兰也有生产。制造冰酒的葡萄与鲜食的葡萄不同，果皮较厚且较晚熟。一般会在12月到翌年1、2月间采收，此时产地气温约为-11℃，葡萄本身会因95%的水分结成冰而脱水、变皱，缩小成原来的1/5大，但果肉因含高量的糖分而不会结冰，冰酒便是以这一小部分果肉来酿造。与其他葡萄酒类相比，1,000克的葡萄足以酿出750毫升的红、白葡萄酒，但却只能酿出50毫升的冰酒，因此冰酒大都比较昂贵。

冰酒的香甜味道，要归功于葡萄抵抗寒冷逆境的机制。（摄影／张君豪）

植物的运动

（向日葵）

植物虽然无法"移动"，但是会"运动"，只是动作大多很缓慢，需要耐心地观察。植物的运动依可不可回复原来状态而分成两类。

可回复原状的运动

含羞草的小叶和捕蝇草的叶片遇到碰触时会快速闭合，是少数速度很快的植物运动，称为"触发运动"。酢浆草和一些豆科植物的叶片、睡莲的

合欢树具有感夜性，会在夜晚闭合叶片，进行睡眠运动。（图片提供/GFDL，摄影/Fanghong）

花瓣，到了晚上会下垂或闭合；等天亮之后，又恢复挺直，称为植物的"睡眠运动"。这些运动大都与细胞内水分的流动有关，所以可回复原状。

以含羞草为例，它的叶片与茎连接的地方有一个膨大的"叶枕"。叶枕细胞平时是充水的，所以叶片伸得挺直；但当叶片遇到碰触时，叶枕细胞的离子浓度会产生变化，细胞内的水分会流出

小叶枕上半部细胞壁比下半部薄、间隙较大，受到刺激后，上半部水分流失较多、细胞萎缩严重，小羽片会朝内合拢。

小羽片

羽轴

含羞草的小羽片、羽轴和叶柄的连接处都有叶枕，在外力刺激下，叶枕里的细胞会因失水萎缩，造成叶子瘫软，小羽片会先闭合，4根羽轴接着收拢，最后整个叶柄都垂下。（插画/邱静怡）

叶柄

叶枕

大叶枕下半部的细胞壁比较薄，受到刺激后，下半部的细胞萎缩比较严重，叶柄因而下垂。

来，细胞体积变小，牵动叶片闭合。无论触发或睡眠，不仅具有自我保护的功能，也能防止水分与热量的散失。

郁金香对温度很敏感，生长适温在15℃—20℃左右，花朵会随着温度的升高而缓缓绽放。郁金香需要长日照，却必须避免阳光直射，放在凉爽、光线明亮的地方，并减少浇水，可以延长花期。

不可回复原状的运动

植物的运动如果与生长有关，就无法回复原状了。这类运动（又称向性运动）大都与植物生长激素的分布有关，主要目的是让植物寻得较佳的生长环境。

这类运动包括下面数种：

1.向光性与背光性：植物的茎会朝光源生长，但根会背离光源方向而生长。

2.向地性与背地性：植物的根会朝地心生长，但茎会抗拒地心引力朝上生长。

3.倾触性：一些爬藤类植物会沿着所接触到的物体卷曲生长。

4.倾热性：有些花卉每天会重复开放与闭合，

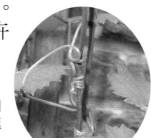

爬藤植物的卷须碰到物体时，未触到的一边会比碰触到物体的一边生长速度快，卷须因而弯曲、缠绕物体。（图片提供/廖泰基工作室）

植物的生物钟

人有生物钟，植物也有生物钟！把一株四季豆放在24小时都有光照的环境里，刚移进去的头几天，虽然环境很明亮，四季豆的叶片依旧会在傍晚合上，清晨张开。不过，和动物一样，植物的生物钟也是可以调整的，植物可利用叶片感应环境中的变动（如光线的强弱），以调整内部的生物钟。如前述的四季豆，如果一直放在光照的环境下，睡眠运动将会慢慢消失。

从倒地重生的凤凰木上，可以看出植物明显的背地性。（摄影/巫红霏）

如郁金香及藏红花等，它们的花瓣内外侧生长速率不同，温度高时内侧生长较快，花朵因而开放；温度低时外侧生长较快，花朵因而闭合。因此，这些花卉会在白天开放来吸引昆虫。

植物的防御

植物和动物一样，也有防御外敌的方法。动物的防御主要是靠脱逃；植物的防御则靠它的特殊构造和生化物质。

防御动物与昆虫

对许多动物、昆虫和病原体而言，植物就是食物。动物摄食与病原体感染往往对植物造成极大的

荨麻的茎、叶布满焮毛，会分泌一种类似蚁酸的刺激性毒质，一旦触及皮肤，会令人产生灼热的疼痛感，并且持续好几天。（图片提供/廖泰基工作室）

玫瑰的茎秆上长着由幼枝演化而成的针刺，具有保护作用。（图片提供/维基百科，摄影/EvaK）

伤害，因而植物必须演化出防御之道。刺是最常见的"防御性武器"，如荆棘、玫瑰和仙人掌的尖刺。此外，有些植物的叶片，尤其是幼叶，含有苦涩物质（如单宁）或有毒的物质，可以阻止动物取食。

昆虫的体积小，比较难防御，有些植物在叶片增加细毛或加厚角质层，让昆虫无法下咽；有些植物在叶片合成一些对昆虫有毒的蛋白质，让昆虫吃了

中毒而死。有些植物还会"守望相助"：有种长在南美洲的"利马豆"，当叶片被昆虫啃食后，会散发出含有茉莉酸的气体物质，"通知"其他叶片启动防御系统，在体内合成植物碱，使昆虫难以下咽。

防御病原体

植物防御病原体的入侵，主要使用"生化武器"。一些合成物质如黑色素、皂素、芥子油、植物碱等，对病原体都具有很强的毒性。有些植物则采用"过敏"方式，当病原体入侵时，入侵部位附近的细胞会快速死亡，并形成

万寿菊有一种特殊腺体，会产生特殊气味，具有驱虫效果，所以又名臭菊花。（图片提供/廖泰基工作室）

忌避作物

有些植物含有特殊的物质，可以让害虫退避三舍，因而成为一种环保农药！像大蒜、韭菜、洋葱所散发出的"臭味"，会让蚜虫、夜盗虫等害虫敬而远之；万寿菊的根所分泌的物质，会让土壤里的线虫不敢靠近。农人将这些植物栽培在主作物旁边或混在作物里，便可发挥驱虫的效果，减少使用化学农药。另外，有些害虫危害的作物不只一种，此时也可在主作物旁栽培害虫也爱吃的其他作物，减低害虫危害主作物的频率，例如豆金龟子爱吃大豆，农人可牺牲大豆一种副作物而让甘蓝、胡萝卜、花椰菜、莴苣、豌豆、马铃薯等主作物顺利生长。

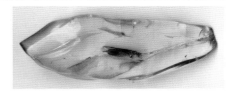

琥珀是远古时代松科植物受伤后所流出的树脂凝结而成。（图片提供/维基百科，摄影/Adrian Pingstone）

一层厚厚的围墙，防堵病原体进一步入侵其他部位。有些植物没有抗菌妙方，但会加速生长或与病原体"和平共存"，将伤害减到最低。

栎树叶片内的单宁，会阻碍舞毒蛾体内重要化学物质的合成，进而抑制舞毒蛾的危害。如果栎树在前一年受到舞毒蛾的严重侵害，隔年长出的新叶片中，单宁的含量还会明显增加。（图片提供/达志影像）

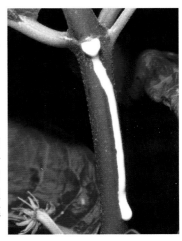

有些植物受伤后，会分泌出具有黏性的汁液将伤口封住，这些汁液（特别是白色乳汁）通常带有毒性，可防止霉菌生长或其他生物的二次侵害。（图片提供/达志影像）

影响植物生长的技术

（套袋的枇杷，图片提供/廖泰基工作室）

植物能够供应人类各方面的需要，因此从农业时代开始，人们便发展出各种技术来调控植物的生长，以达到人们想要的结果。

品种的改良可以提升植物的生存能力，研究人员正在进行兰花的组织培养，以加速种苗的繁殖，并产生抵抗力高的品种。（图片提供/路透社）

增加植物生存优势

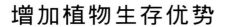

基于对植物生长需求的了解，人们采用下列方法，提供植物更适合的生存环境，或提升植物自身的存活能力。

1. 提供保护设施：以温室、塑料棚、防风网等人造设施，将植物与自然环境隔绝，使植物避免不良气候的摧残。

2. 提高抗逆境能力：小苗在种到田里前，让它承受轻微的干旱或其他逆境，可促使它产生对抗逆境的能力，增加移植后的存活率。另外，植物移植后或遇到旱季时，施用蒸发抑制剂，可帮助植物保湿，并减缓水分和养分循环，保存植物"元气"。

3. 提高作物吸收能力：在土壤里施用固氮细菌、光合细菌或内生菌根菌等益菌，可以帮助作物

在水果生长初期，用套袋包覆果体，不只可以防治病虫害，又可以减少农药污染，是很普遍的保护技术。（图片提供/廖泰基工作室）

吸收营养元素。在欧美国家，人们会在栽培高经济价值作物的温室中，提高室内二氧化碳浓度，让光合作用更为旺盛，加速植物生长。

近代农业使用的除草剂，许多是利用阻碍杂草行光合作用的原理制成。图片中的飞机正在玉米田上喷洒除草剂。（图片提供/达志影像）

调控生长模式

为满足经济或日常生活的需要，人们从植物的生理特性与习性着手，采用下列方法控制植物的生长周期，或抑制植物生长。

1.解除休眠：在温带地区，植物的休眠习性常阻碍生长，人们会施用激勃素或落叶剂等化学物质，促使植物休眠提前结束。例如在夏末时对樱花施用落叶剂，让它叶片落尽，已形成的花芽不必进入休眠，就能在秋天开花。

2.防除杂草：要让作物生长良好，必须将不要的杂草除去。用除草剂来防除杂草，是少数抑制植物生长的例子。除草剂防除杂草的原理很多，例如有一类化学物质会阻碍植物进行光合作用，施用于玉米田时，杂草会因光合作用受阻，能量耗尽而亡，但玉米会靠自身酶类代谢，不受除草剂影响。

植物复育法

大部分的植物会被重金属离子毒害，但有些植物却不受影响，近年来就有人致力研究这些植物清除环境污染的机制与能力。有些植物如油菜，根可以从土壤中吸收重金属离子，再用体内的蛋白质与重金属离子结合，将它固定在体内。如此一来，土壤里的重金属就转移到植物里，等植物收割后重金属离子就跟着被移除了。利用植物来复育遭重金属污染的土壤，除了花费较少外，还兼具有绿化、美化的功能，相当经济实惠。

夹竹桃是常见的观赏用树，全株有毒，但也具有净化空气、保护环境的特性，对于有毒气体的吸收能力强。（图片提供/GFDL）

农民为高接梨的花撑上保护伞，避免风吹雨淋，以提高授粉率，确保产量。（图片提供/廖泰基工作室）

■■ 英语关键词

阳光	sunlight
空气	air
氧气	oxygen
二氧化碳	carbon dioxide
水	water
土壤	soil
温度	temperature
环境	environment
指示植物	indicator plant
糖类	saccharide
葡萄糖	glucose
果糖	fructose
蔗糖	sucrose
淀粉	starch
蛋白质	protein
脂质	lipid
矿物质	mineral

有机酸　organic acid

植物碱　alkaloid

酶　enzyme

器官　organ

细胞　cell

组织　tissue

种子　seed

叶片　leaf

叶枕　pulvinus

刺　thorn

汁液　sap

维管束鞘　bundle sheath

韧皮部　phloem

木质部　xylem

叶绿体　chloroplast

叶绿素　chlorophyll

基质　storma

类囊体 thylakoid	反应 reaction
基粒（叶绿饼） grana	运输 transport
线粒体 mitochondrion	发芽 germinate
蒸发作用 transpiration	生长 growth
光合作用 photosynthesis	休眠 dormancy
呼吸作用 respiration	防御 defense
光合细菌 photosynthetic bacteria	共生 symbiosis
厌氧菌 anaerobic-bacteria	互利共生 mutualism
睡眠运动 nyctinasty	偏利共生 communalism
触发运动 thigmonasty	寄生 parasitism
向性运动 tropic movement	腐生植物 saprophytic plant
向光性 phototropism	根瘤菌 nodulating bacteria
向地性 geotropism	食虫植物 carnivorous plant
向热性 thermotropism	蜜腺 nectary
倾触性 thigmotropism	温室 greenhouse
养分 nutrition	植物复育法 phytoremediation
积储强度 sink strength	植物生理学 plant physiology

新视野学习单

1 下列关于植物生理研究的描述，哪些是对的？（多选）

（　）17世纪中，范·海尔蒙特从柳树实验推论植物的养分完全来自于水。

（　）1727年，植物学家黑尔斯认为植物增加的重量来自于土壤。

（　）1804年，科学家德·索苏尔证明水和空气中的二氧化碳都是植物增加重量的因素。

（　）1961年，卡尔文博士揭开植物进行光合作用的奥秘。

（答案请见06—07页）

2 连连看：将右方物质属于哪种主要成分连接起来。

糖类·　　　　　·葡萄糖
　　　　　　　　·果糖
　　　　　　　　·酶
蛋白质·　　　　·组成叶片角质层的蜡
　　　　　　　　·染色体的主要成分
　　　　　　　　·淀粉
脂质·　　　　　·细胞膜主要成分
　　　　　　　　·蔗糖

（答案请见10—11页）

3 是非题：

（　）在水里，反应物质可以自由移动与扩散，有利于反应的进行。

（　）水的温度变化较慢，可使植物保持一定的温度范围，维持各种作用的稳定。

（　）水分蒸发会吸收大量热能，可帮植物除去过多的热能。

（　）植物对矿物质元素的需要量都一样多。

（　）矿物质元素在被植物吸收之前，必须先形成能溶于水中的离子。

（答案请见12—13页）

4 下列关于光合作用的描述，哪些是对的？（多选）

（　）植物的绿色组织内含有叶绿体，叶绿体内的叶绿素可以将吸收的光能转变为化学能。

（　）光合作用所产生的氧气是在碳反应阶段形成的。

（　）光合作用所需要的二氧化碳是在光反应阶段参与反应。

（　）碳反应不需要光线也可以进行。

（　）光合作用的碳反应产物是蔗糖和淀粉。

（答案请见14—15页）

5 下列关于光合作用与光呼吸的叙述，哪些是对的？（多选）

（　）玉米的光合作用碳反应主要发生在维管束鞘里。

（　）热带地区的植物发生光呼吸的几

率很小。
（　）仙人掌固定二氧化碳的时间是晚上。
（　）除了植物外，也有些细菌能进行光合作用。
（　）光呼吸会消耗能量，所以只有坏处没有好处。
（答案请见16—17页）

6 是非题：
（　）植物的呼吸作用主要是在细胞里的线粒体进行。
（　）呼吸作用主要可分为三大阶段：糖解作用、柠檬酸循环和呼吸电子传递链。
（　）呼吸作用消耗氧气是在第二阶段。
（　）呼吸作用所产生的ATP只能供该细胞使用，不能运到其他细胞。
（　）进行呼吸作用时的反应物也可以合成蛋白质和脂质等其他物质。
（答案请见20—21页）

7 请描述下列植物与其他生物间的交互关系。（请填入：互利共生、偏利共生或寄生）
1.刺槐与蚂蚁＿＿＿＿＿＿＿＿
2.大豆与根瘤菌＿＿＿＿＿＿＿
3.野菰与芒草＿＿＿＿＿＿＿＿
4.鸟巢蕨与乔木＿＿＿＿＿＿＿
（答案请见22—23页）

8 连连看：请帮下列的食虫植物找出它
们捕捉虫子的方式。
猪笼草·　　　　·捕虫囊式
狸藻·　　　　·捕兽夹式
毛毡苔·　　　　·陷阱瓶式
捕蝇草·　　　　·黏蝇纸式
捕虫堇·
（答案请见24—25页）

9 下列关于植物休眠与防御机制的描述，哪些是对的?（多选）
（　）植物以休眠的方式对抗周而复始的不利环境。
（　）植物休眠时，种子、芽、茎顶的分生组织会停止生长发育。
（　）植物也会启动休眠机制对抗突然来临的高温或干旱。
（　）植物的防御对象只有病原体。
（　）植物借由特殊构造和生化物质来防御其他生物的侵害。
（答案请见26—27，30—31页）

10 连连看：下面列出的植物特性分别属于哪一类运动?
可回复性的运动·　　　·睡眠运动
　　　　　　　　　　·向光性
　　　　　　　　　　·倾热性
不可回复性的运动·　　·触发运动
　　　　　　　　　　·向地性
　　　　　　　　　　·倾触性
（答案请见28—29页）

我想知道……

这里有30个有意思的问题，请你沿着格子前进，找出答案，你将会有意想不到的惊喜哦！

开始！

哪个科学家因研究光合作用而获得诺贝尔奖？ P.07

什么是"指示植物"？ P.09

路边常见春，在医何贡献？

植物一定是绿色的吗？ P.23

为什么毛毡苔的英文名字叫"阳光露珠"？ P.24

狸藻是如何捕捉虫子的呢？ P.25

太棒得美牌！

世界上最大的花是什么花？ P.23

荨麻为什么会"咬人"？ P.30

为什么万寿菊又称"臭菊花"？ P.31

为什么油菜可以帮助受污染的土壤复原？ P.33

气生凤梨和一般凤梨有什么不同？ P.23

植物也有生物钟吗？ P.29

为什么郁金香会在白天开放？ P.29

颁发洲金

太厉害了，非洲金牌也是你的！

为什么要把蔬果放进冰箱冷藏？ P.20

植物也像动物一样需要呼吸吗？ P.20

为什么"倒吃甘蔗比较甜"？ P.19

为什么要在晚存二氧

的日日学上有

P.11

除虫菊含有什么成分，可以用来作为杀虫剂？

P.11

为什么炒过的绿色蔬菜会变黄？

P.12

不错哦，你已前进5格。送你一块亚洲金牌！

了，赢洲金

猪笼草的盖子有什么功用？

P.25

植物为什么会休眠？

P.26

大树怎样将水分从根部运送到树梢？

P.13

太好了！
你是不是觉得：
Open a Book !
Open the World !

为什么绿豆要泡水才会比较快发芽？

P.26

大蒜的强烈味道是由哪种矿物质造成的？

P.13

韭菜跟韭黄是同一种植物吗？

P.14

大洋牌！

为什么一碰到含羞草，它的叶片就会闭合？

P.28

为什么冰酒喝起来特别甜？

P.27

植物进行光合作用的场所是在哪里？

P.15

仙人掌上才储化碳？

P.16

如果二氧化碳不足，植物会如何反应？

P.16

获得欧洲金牌一枚，请继续加油！

为什么水中植物的叶片经常会冒气泡？

P.15

图书在版编目（CIP）数据

植物的生活：大字版 / 宋馥华撰文．—北京：中国盲文
出版社，2014.5
　（新视野学习百科；35）
　ISBN 978-7-5002-5046-3

　Ⅰ．①植…　Ⅱ．①宋…　Ⅲ．① 植物—青少年读物
Ⅳ．① Q 94-49

中国版本图书馆 CIP 数据核字 (2014) 第 066160 号

　原出版者：暢談國際文化事業股份有限公司
　著作权合同登记号 图字：01-2014-2114 号

植物的生活

撰　　　文：宋馥华
审　　　订：郑武灿
责任编辑：包国红
出版发行：中国盲文出版社
社　　　址：北京市西城区太平街甲 6 号
邮政编码：100050
印　　　刷：北京盛通印刷股份有限公司
经　　　销：新华书店
开　　　本：889×1194　1/16
字　　　数：33 千字
印　　　张：2.5
版　　　次：2014 年 12 月第 1 版　2014 年 12 月第 1 次印刷
书　　　号：ISBN 978-7-5002-5046-3/ Q · 23
定　　　价：16.00 元
销售热线：　(010) 83190288　83190292

版权所有　侵权必究